BEI GRIN MACHT SICH IHR WISSEN BEZAHLT

- Wir veröffentlichen Ihre Hausarbeit, Bachelor- und Masterarbeit

- Ihr eigenes eBook und Buch - weltweit in allen wichtigen Shops

- Verdienen Sie an jedem Verkauf

Jetzt bei www.GRIN.com hochladen und kostenlos publizieren

Bibliografische Information der Deutschen Nationalbibliothek:

Die Deutsche Bibliothek verzeichnet diese Publikation in der Deutschen National-
bibliografie; detaillierte bibliografische Daten sind im Internet über http://dnb.d-
nb.de/ abrufbar.

Impressum:

Copyright © 2018 GRIN Verlag
Druck und Bindung: Books on Demand GmbH, Norderstedt Germany
ISBN: 9783668881877

Dieses Buch bei GRIN:

https://www.grin.com/document/450914

Pablo Toussaint

Die Entdeckung des Higgs-Bosons von Pablo Toussaint

GRIN Verlag

SEMINARARBEIT

Rahmenthema des Wissenschaftspropädeutischen Seminars:
Berühmte Experimente der Physik
Leitfach: *Physik*

Thema der Arbeit:
Die Entdeckung des Higgs-Bosons

Verfasser: Pablo Toussaint

Abgabetermin: 06.11.2018
(2. Unterrichtstag im November)

Inhaltsverzeichnis

1. Einleitung

"Am 4. Juli 2012 hob sich der Vorhang über einem der vermutlich letzten Mysterien der Physik. Es wurde Higgs!"[1]

Genau dieses Mysterium und dessen Auflösung stehen im Mittelpunkt meiner Seminararbeit "Die Entdeckung des Higgs-Bosons". Dabei geht es um Gottesteilchen, die Entstehung von Masse, die größte Maschine der Welt, den Weltuntergang und vieles mehr.

2. Hauptteil

2.1. Higgs-Boson und die Medien - Der Hype um das Gottesteilchen

"Sensation! Gottesteilchen entdeckt!" titelte die Bildzeitung im Jahr 2012. Die Medienlandschaft berichtete, als seien alle Fragen der Menschheit auf einen Schlag beantwortet worden. Die physikalischen Prozesse des Experiments am LHC wurden vernachlässigt oder verdreht. So wurde aus nüchternen Datensätzen "Das Tor zu einer anderen Welt", das "Graviton", die Entdeckung dunkler Materie oder gleich Gott. Auch wenn die Ergebnisse, die kurz zuvor von Forschern des CERN veröffentlicht wurden, mit Sicherheit keine "Mücke" waren, und Wissenschaft für viele inzwischen wirklich eine religiöse Instanz ist, so hatten sie dennoch kaum etwas mit dem überdimensionierten "Elefanten" zu tun, zu dem sie aufgeblasen wurden. Derart reißerische Artikel wecken mit Sicherheit das Interesse der LeserInnen und können sie vielleicht für Physik begeistern, allerdings sollte das nicht zu Lasten von Fakten fallen. Doch wie kam es überhaupt zu einer solchen Berichterstattung?
Im Jahr 1993 schrieb Leon Lederman ein Buch über das Higgs-Boson. Da dieses Teilchen der Physik so viel Kopfzerbrechen bereitete, sollte der Titel "The Goddam Particle" lauten. Der Verleger aber wollte keine Schimpfwörter auf dem Cover, und änderte die Überschrift so kurzerhand zu "The God Particle". Infolgedessen gingen die Verkaufszahlen zwar durch die Decke, die Physiker hatten nun aber viele Fragen zu beantworten. Und selbst der Vatikan musste Stellung beziehen.[2] Würde das Higgs-Boson Masse wie aus dem Nichts entstehen

---

[1] Lesch (2013) S.6.
[2] Baggot (2017) S. 209.

lassen, so hätte es tatsächlich etwas göttliches an sich. Hinter der Masse-Entstehung und der Rolle des Higgs-Bosons darin steckt allerdings keine Magie, sondern es verbergen sich komplizierte physikalische Prozesse, die es selbst den besten Physikern schwer machen, sie verständlich darzulegen. Versuchen nun die Massenmedien als "Laien", schon am Tag der Bekanntgabe, Artikel darüber zu schreiben, werden wissenschaftliche Fakten mit Scheinlösungen und etlichen Spekulationen vermischt und damit ein verzerrtes Bild der Realität erzeugt.[3]

2.2. Entwicklung der Theorie

Die Frage, "was die Welt im innersten zusammenhält"[4] gehört wohl zu den ältesten Fragen der Menschheit. Seit Leukipp im 4. J.h. v. Chr haben wir die Idee von unteilbaren Urstoffen, aus denen die Welt aufgebaut ist. Unser heutiges Verständnis geht viel weiter. Wir wissen, dass die uns bekannte Materie aus Molekülen und Atomen besteht, die ihrerseits aus Elektronen in der Hülle sowie Neutronen und Protonen im Kern zusammengesetzt sind.[5] Doch hier ist noch lange nicht Schluss.

Seit den 1960er Jahren arbeiten Physiker an einem Modell, das die fundamentalen Bausteine von Materie und die Kräfte, die ihren Zusammenhalt sicherstellen, beschreibt. Dieses sogenannte "Standardmodell der Elementarteilchenphysik" basiert auf zwei Prinzipien:

1. Alle Materie besteht aus elementaren Teilchen, den sogenannten Fermionen. Sie sind aufgeteilt in Quarks und Leptonen sowie in drei Teilchengenerationen. Die uns bekannte Materie besteht aus Teilchen der ersten Generation, also den up- und down-Quarks sowie den Elektronen. Zusätzlich gibt es noch Neutrinos, die allerdings kaum wechselwirken und deshalb sehr schwer nachzuweisen sind. Die Teilchen der zweiten und dritten Generation ähneln jeweils sehr stark ihrem Familienmitglied der ersten Generation, sind aber wesentlich schwerer und deshalb instabil.

2. Diese Teilchen interagieren durch das Austauschen anderer Teilchen. Diese "Vermittler" heißen Bosonen und stehen in Beziehung zu den sog. fundamentalen Kräften. Man kann sie sich vorstellen wie einen schweren Ball, den zwei Personen, die auf jeweils einem Boot stehen, einander zuwerfen. Beide Personen

---

[3] Lesch (2013) S.15-16.

[4] Goethe (1808) S.13.

[5] Kaiser (2003).

werden voneinander abgestoßen, wobei der Impuls erhalten bleibt. Dieser Effekt kann als abstoßende Kraft zwischen ihnen interpretiert werden.[6]

Die Austauschteilchen befinden sich in einem Zustand zwischen Sein und Nicht-Sein, weshalb sie auch virtuelle Teilchen genannt werden. Dieser Zustand erklärt sich durch die Heisenbergsche Unschärferelation. Diese gibt eine grundsätzliche Grenze für die Genauigkeit an, mit der zwei physikalische Größen gleichzeitig gemessen werden können. Die Energieunschärfe $\Delta E \cdot \Delta t \geq \hbar/2$ erlaubt es einem Teilchen mit Masse ΔE aus dem Nichts zu entstehen, eine Kraft zu vermitteln und wieder zu verschwinden, solange der Zeitraum des Wechselwirkungsprozesses Δt klein genug ist. Das fundamentale Gesetz der Energieerhaltung muss zwar von den Ausgangs- und Endprodukten einer Wechselwirkung erfüllt werden, während des Prozesses selbst aber können virtuelle Teilchen vorkommen, für die diese Richtlinien nicht gelten. Führt man einem System oder Raum allerdings genug Energie zu, so kann ein virtuelles Teilchen die Grenze zur Existenz queren, eine tatsächliche Masse bekommen und von Detektoren erfasst werden.[7]

Die Teilchen des Standardmodells unterscheiden sich durch Eigenschaften wie Masse, Ladung, oder Spin, d.h. ihren Eigendrehimpuls bezüglich ihrer Flugrichtung. Zusätzlich zu jedem Materieteilchen gibt es ein Antiteilchen mit entgegengesetzter Ladung.[8]

---

[6] Kuhar (2013).
[7] Lesch (2013) S.47-50.
[8] Kuhar (2013).

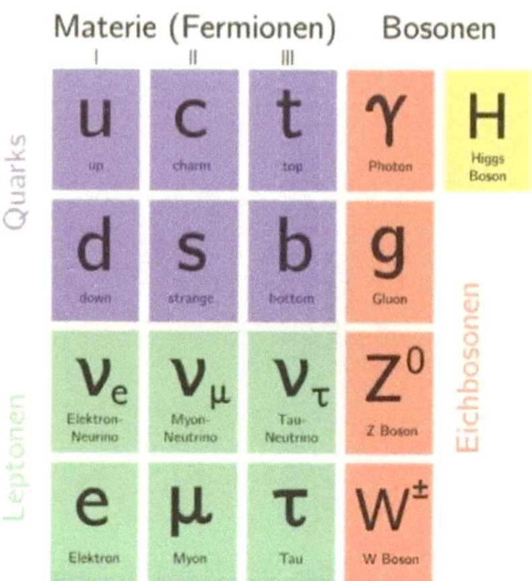

Zur Theorie des Standardmodells gehört eine ganze Reihe komplexer Gleichungen, die sehr genaue Vorhersagen über Entstehung, Zerfall und Wechselwirkung der Teilchen ermöglichen. Die Rechenergebnisse konnten experimentell teilweise auf die 9. Dezimalstelle bestätigt werden. Das Standardmodell ist also die erfolgreichste Beschreibung unserer Wirklichkeit, die es jemals gab.[9]

Allerdings prophezeite es zunächst nur Teilchen ohne Ruhemasse. Dies stand im Widerspruch zu den experimentellen Beobachtungen. Nicht zuletzt würden sich alle Elementarteilchen, wären sie masselos, mit Lichtgeschwindigkeit bewegen, es könnten sich also keine Strukturen bilden, geschweige denn Leben entwickeln. Unabhängig voneinander schlugen mehrere Physiker, darunter Robert Brout, François Englert und Peter Higgs ein Feld vor, das den Elementarteilchen durch Wechselwirkung Masse verleihen sollte. Dieses Feld wurde Higgs-Feld genannt und mathematisch durch den gleichnamigen Mechanismus beschrieben.

Wie ein elektrisches Feld oder ein Gravitationsfeld ist es unsichtbar, seine Auswirkungen sind dennoch spürbar. Allerdings hat das Higgs-Feld als einziges Feld keine Quelle, sondern ist eine immer und überall vorhandene Eigenschaft des Raumes. Es entstand 10^{-12} Sekunden nach dem Urknall und durchdringt seitdem das Universum.[10] Dafür muss das Potential des

---

[9] Gagnon (2016) S.133.
[10] Gagnon (2016) S.25-37.

Higgs-Feldes im "entspanntesten" Zustand, genannt Vakuumerwartungswert, überall einen von 0 verschiedenen Wert haben. Das Potential sieht aus wie ein Mexikanischer Hut oder der Boden einer Weinflasche. An sich ist das Potential also noch symmetrisch, das fordert die Mathematik des Standardmodells, sein Grundzustand aber ist unsymmetrisch. Mathematisch ist das wie folgt beschrieben: Das Potential $(|\ |) = \frac{}{4}(|\ |^2 - {}^2)^2$ ist instabil im Ursprung, bei $|\varphi| = 0$, die niedrigste Energie hat es am Boden des Hutrandes, bei $|\varphi| = v \neq 0$.[11]

Das Higgs-Feld kann man sich vorstellen wie einen gleichmäßig mit Reportern gefüllten Raum. Tritt eine prominente Person, z.B. Angela Merkel, ein, wird sie von den Reportern umringt und benötigt viel Energie, um zur anderen Seite des Raumes zu gelangen, obwohl sie

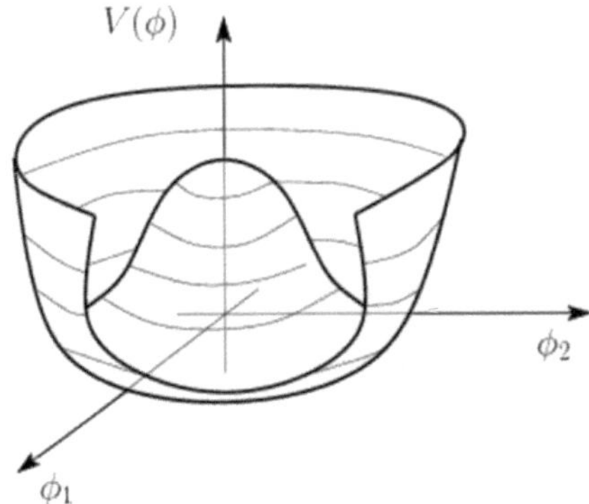

sich sehr langsam bewegt. Merkel hat also einen großen Widerstand, ihre Energie in Bewegung umzuwandeln, was gleichbedeutend mit einer hohen Masse (in Form von Trägheit) ist. Würde stattdessen eine unbekannte Person den Raum betreten, könnte diese sich widerstandsfrei mit beliebiger Geschwindigkeit durch den Raum bewegen, hätte also keine Masse.

Dieses Modell zeigt, dass Masse keine intrinsische Eigenschaft von Teilchen ist, sondern eine Eigenschaft, die aus der Wechselwirkung mit seiner Umgebung entsteht. Zwischen der Person und den Reportern - oder eben zwischen einem Teilchen und dem Higgs-Feld.

---

[11] Ellis/ Gaillard/ Nanopoulos (2015) S.2-4.

Kommt nun keine neue Person in den Raum, sondern es verbreitet sich nur das Gerücht, Merkel käme in 10 Minuten, würden die Reporter Grüppchen bilden, um die Details zu besprechen, sich dann umdrehen und es ihren nächsten Nachbarn erzählen. Eine Welle an Reporter-Ballen würde sich durch den Raum bewegen. Da die Information von Anhäufungen an Reportern getragen wird, und diese Anhäufung zuvor Merkel Masse verliehen hat, besitzen auch die das Gerücht verbreitenden Grüppchen Masse. Diese Unruhe oder Störung des Feldes, entspricht dem Higgs-Boson.[12]

Wichtig ist allerdings noch, dass das Higgs-Feld nur elementaren Teilchen ihre Masse verleiht. Beispielsweise kommt 99% der Masse eines Protons aus der kinetischen Energie der sich bewegenden Quarks und der Bindungsenergie der Gluonen, welche die Quarks zusammenhalten. Ohne Higgs-Feld allerdings kämen die Bestandteile des Protons nicht zusammen, da sie sich alle mit Lichtgeschwindigkeit bewegen würden.[13]

2.3. Experimenteller Nachweis

Wäre das Higgs-Feld ein Ozean, so wäre das Higgs-Boson eine Welle auf diesem, also die Anregung des Feldes. Um einen Ozean anzuregen, reicht es, ihn mit Energie z.B. in Form von Wind, zu versorgen. Dasselbe gilt für das Higgs-Feld. Es genügt, ihm Energie bereitzustellen, um es anzuregen. Stellt man sich nun ein Wasserglas vor, so kann man durch einfaches Antippen beweisen, dass es gefüllt ist. Wenn tatsächlich Wasser im Glas ist, erscheinen auf der Oberfläche Wellen. Ohne Wasser wäre das nicht möglich. Findet man also das Higgs-Boson, weist man damit auch das Higgs-Feld nach.

Um das Higgs-Feld anzuregen und ein Higgs-Boson zu erzeugen, muss also Energie zugeführt werden. Experimentell ermöglichen dies Teilchenbeschleuniger, indem sie sehr viel Energie auf einen kleinen Raum konzentrieren. Das Grundprinzip ist einfach: Zwei Teilchen (meist Protonen) werden beschleunigt und kontrolliert zur Kollision gebracht. Ihre Gesamtenergie materialisiert sich in Form von (neuen) Teilchen.[14]

---

[12] Castillo/ Roberto (2015) S.17-19.
[13] Gagnon (2016) S. 33.
[14] Gagnon (2016) S. 34-39.

2.3.1. Anfänge der Higgs-Suche

Die experimentelle Suche nach dem Higgs-Boson begann in den 1980er Jahren. Die Crystal Ball Collaboration am Deutschen Elektronen-Synchrotron (DESY) gab 1984 einen Signalausschlag bekannt, der einer Higgs-Boson Masse von 8.32 GeV entsprochen hätte; das Ergebnis wurde aber nicht bestätigt und verschwand, nachdem weitere Daten ausgewertet wurden. Auch alle weiteren Versuche, darunter die CUSB und CLEO Kooperationen an der Cornell University sowie SINDRUM am Paul Scherrer Institut in der Schweiz kamen zu keinem Ergebnis. Dies implizierte, dass die Masse des Higgs-Bosons, sollte es existieren, oberhalb des Leistungsbereichs dieser Anlagen liegen müsse. Von 1989-2000 wurden Experimente am Large Electron-Positron Collider (LEP) durchgeführt, die eine wahrscheinliche untere Grenze von 107,3 GeV vorgaben. Der Tevatron Collider am Fermilab in den USA konnte die Masse zwischen 115 und 140 GeV eingrenzen. Da bis zu diesem Zeitpunkt immer noch keines der Experimente das Higgs-Boson nachweisen konnte, wurde an der Theorie immer mehr gezweifelt. Dennoch entschloss man sich, mit dem Bau des LHC einen letzten Nachweisversuch zu unternehmen.[15]

2.3.2. Der Large Hadron Collider - ein Ort der Superlative

Der Large Hadron[16] Collider (LHC) wurde im Jahr 2008 nach fast 10 Jahre Bauzeit in Betrieb genommen. Er ist der stärkste und erfolgreichste Teilchenbeschleuniger, der je gebaut wurde sowie die größte und komplexeste von Menschenhand geschaffene Maschine.[17]

Die zu beschleunigenden Teilchen kommt zunächst aus einer einfachen Wasserstoff-Flasche, ein elektrisches Feld zieht dann die Elektronen ab. Die übrig gebliebenen Protonen werden von einem Linearbeschleuniger nahmens "Linac 2" auf ca. ⅓ der Lichtgeschwindigkeit beschleunigt. Bei einem Linearbeschleuniger werden elektrisch geladene Teilchen aus einer Quelle zu einem metallischen Hohlzylinders (Driftröhre) beschleunigt, der an dem Pol einer Wechselspannungsquelle angeschlossen ist. Während sie die feldfreie Driftröhre durchqueren, kehrt sich das Vorzeichen der Spannungsquelle um, sodass die Teilchen nach dem Austreten aus der ersten, zur nächsten Driftröhre hin beschleunigt werden, die auch mit der Spannungsquelle verbunden ist. Da die Geschwindigkeit der Teilchen steigt, muss bei gleichbleibender Frequenz der Wechselspannung die Länge der Röhren immer größer werden.

---

[15] Castillo/ Roberto (2015) S.23-28.

[16] Hadronen sind alle Teilchen, die aus Quarks aufgebaut sind wie Protonen und Neutronen

[17] Gagnon (2016) S.41-45.

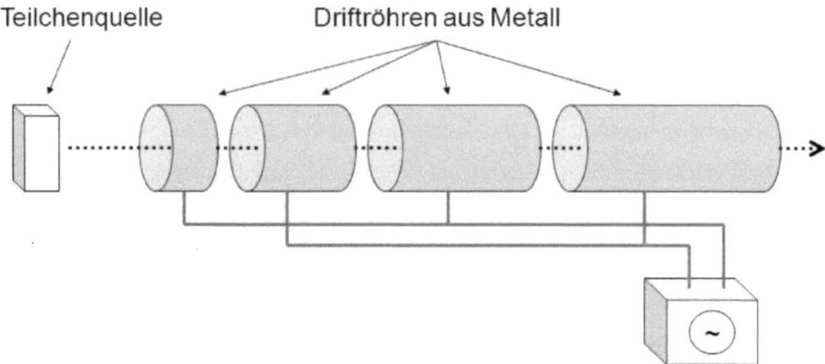

Von dort aus gelangen die Teilchen in einen kleinen Ringbeschleuniger, auch "Booster" genannt, den sie mit einer Energie von 1,4 GeV verlassen. Bei einem Ringbeschleuniger (Synchrotron) werden die von einem Linearbeschleuniger vorbeschleunigten Teilchen durch Magneten auf einer Kreisbahn gehalten und auf geraden Streckenabschnitten durch die angelegte Spannung weiter beschleunigt. Um den Radius des Teilchenstrahls bei steigender Geschwindigkeit bzw. Energie gleichzuhalten, muss die Stärke der Magneten synchron zur Beschleunigung erhöht werden. Die nächste Stufe ist das "Proton-Synchrotron" durch den die Protonen eine Energie von 25 GeV erhalten, um dann mit mit 99,9% der Lichtgeschwindigkeit zum nächsten Beschleuniger, dem "Super Proton Synchrotron" zu gelangen. Mit der enormen Energie von 450 GeV ausgestattet erreichen die Teilchen endlich das Herzstück des CERN, den Large Hadron Collider. Darin schließlich wurden sie bis 2015 auf eine Energie von 8 TeV und werden seit dem auf 13 TeV beschleunigt.

Die gesamte Anlage liegt durchschnittlich 100 Meter unter der Erdoberfläche, um sie vor kosmischen Strahlen zu schützen, welche die Messungen beeinflussen könnten, die Strahlenbelastung für Mensch und Natur zu minimieren und teuren Baugrund zu sparen. Um die Teilchen mit Hilfe der Lorentzkraft auf ihrer Kreisbahn zu halten, wurden 1232 Dipolmagneten verbaut, sowie 392 Quadrupolmagneten, um den Teilchenstrahl zu fokussieren.[18] Bei einem Quadrupolmagnet befinden sich die beiden Nord- und Südpole jeweils gegenüber voneinander. Dadurch wird der Teilchenstrahl in einer Ebene fokussiert, während er in der anderen defokussiert wird. Für eine radiale Fokussierung werden zwei Quadrupole um 90° gedreht hintereinander gesetzt.[19] Die Magnete bestehen aus Niob-Titan

---

[18] Gagnon (2016) S.39-48.
[19] Lemmer (2013) S.171-173.

und werden mit 120 Tonnen flüssigem Helium[20] auf -271,3°C (1.9 K)[21] heruntergekühlt, damit befindet sich am LHC der kälteste Ort im gesamten Universum.[22] Durch das Unterschreiten einer sog. Sprungtemperatur werden die Spulen in den Magneten supraleitend, ihr elektrischer Widerstand fällt also auf 0. Trotz der starken Magnete hat der Tunnel einen Umfang von 27 Kilometern, mit "normalen" Magneten wären jedoch 120 Kilometer notwendig. Pro Jahr nutzt der CERN Komplex nur 3,3 mg Wasserstoff, benötigt aber eine elektrische Energie von 1260 GWh, was der durchschnittlichen Leistung von 1,5 Kernkraftwerken entspricht. Alternativ zu Protonen können auch Blei-Ionen beschleunigt werden. Da diese wesentlich schwerer als einzelne Protonen sind, entsteht bei einer Blei-Blei Kollision eine Temperatur von 10^{16} °C, damit findet man am LHC nicht nur den kältesten, sondern auch den heißesten Ort unserer Galaxie. Damit die beschleunigten Teilchen nicht durch die Kollision mit anderen Teilchen abgebremst werden, erzeugen starke Vakuumpumpen einen Druck von 10^{-10} Millibar, zusätzlich sind die Wände mit "Getter" ausgekleidet, einem Material, das am Cern entwickelt wurde, um unerwünschte Moleküle zu

---

[20] Lesch (2013) S.54.
[21] Gagnon (2016) S.41.
[22] Lesch (2013) S.54.

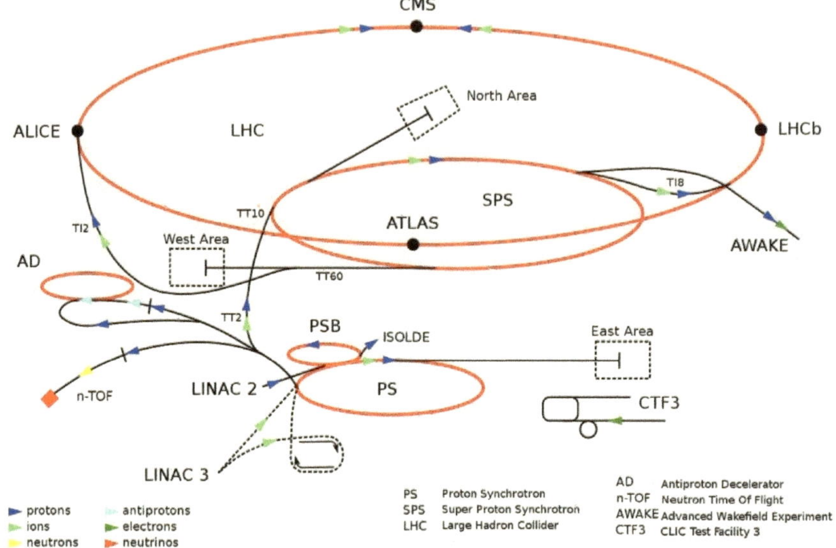

absorbieren.[23] Somit befindet sich dort auch der leerste Ort unseres Sonnensystems.[24] Um das zu erreichen, müssen auch die Rohre extrem dicht sein. Wäre ein Autoreifen so dicht wie die Rohre am LHC, würde es eine Millionen Jahre dauern, bis er seine Luft verloren hat. Die Verbindung von Gigantischem mit extremer Präzision macht den LHC allerdings auch sehr empfindlich gegenüber Störungen. So reichen die winzigen, von den Gezeiten des Mondes erzeugten Deformationen der Erdkruste aus, dass die Flugbahn ständig angepasst werden muss. Man kann also mit dem LHC sogar die Existenz des Mondes nachweisen.[25]

2.3.3.   Gefahren und Befürchtungen - Zerstört der LHC die Welt?

Der LHC erreicht eine höhere Energie als irgendein Teilchenbeschleuniger vor ihm und simuliert Bedingungen, wie sie Sekundenbruchteile nach dem Urknall geherrscht haben dürften. Ist das nicht gefährlich?

Oft befürchtet wird eine Antimaterie-Explosion, die entsteht, wenn Antimaterie auf normale Materie trifft. In diesem Fall würden sich beide gegenseitig vernichten und ihre Massen in

---

[23] Gagnon (2016) S.41-45.

[24] Lesch (2013) S.55.

[25] Gagnon (2016) S.44-45.

Strahlungsenergie umwandeln. Realistisch gesehen kann Antimaterie bisher aber nur in sehr kleinen Mengen erzeugt und kaum gelagert werden. Zudem müsste die Energie für eine Explosion im Vorfeld zugeführt werden - in Form von elektrischem Strom beim Herstellen der Antimaterie.

Ein anderes Szenario fürchtet, dass die Erde durch ein künstlich erzeugtes Schwarzes Loch verschlungen wird. Diese sind bisher jedoch rein spekulativ, und selbst wenn es möglich wäre sie zu erzeugen, so würden sie sofort zerfallen.

Beruhigend ist außerdem, dass in der Natur Protonen aus kosmischer Strahlung auf Teilchen in der Erdatmosphäre treffen, dabei Kollisionen mit wesentlich höheren Energien stattfinden, und wir trotzdem noch leben.[26]

2.3.4.   ATLAS und CMS - Die Detektoren

Um zu messen, ob ein Higgs-Boson erzeugt wurde, werden Detektoren benötigt. Allerdings "leben" Higgs-Bosonen nur 10^{-22} Sekunden, weshalb sie nie selbst beobachtet werden können, sondern nur ihre Zerfallsprodukte. So wie beim Geldwechseln zwei Fünfzig-Cent Münzen dem Wert einer 1€-Münze entsprechen, obwohl sie zuvor nicht in dieser vorhanden waren, so waren auch Zerfallsprodukte des Higgs-Bosons nicht zuvor in ihm enthalten, sondern seine Energie materialisiert sich in Form anderer Elementarteilchen. Die Schwierigkeit liegt darin, die Zerfallsprodukte der richtigen Quelle zuzuordnen. Die gleichen Zerfallsprodukte können aus unterschiedlichen Teilchen entstehen, so wie vier Fünfzig-Cent Münzen aus einer 2€ Münze oder zwei 1€ Münzen stammen können.[27] Detektoren messen nun die Kaskade an Zerfallsprodukten und versuchen durch möglichst viele Informationen wie Ladung, Spinn und Energie den Zerfall nachzuvollziehen. Um besonders sicher zu gehen, wurden am LHC zwei voneinander unabhängige Forschungsprojekte gestartet, mit unterschiedlichen Detektoren und Forscherteams, um das Higgs-Boson zu finden: Der "A Toroidal LHC ApparatuS" (ATLAS) sowie der "Compact Muon Solenoid" (CMS). Sollten beide zu dem gleichen Ergebnis kommen, hat das eine wesentlich höhere Aussagekraft.[28]

---

[26] Knochel (2015) S.12-17.
[27] Gagnon (2016) S.67.
[28] Castillo/ Roberto (2015) S.41.

Der ATLAS Detektor hat eine Länge von 46 Meter und einen Durchmesser von 25 Metern. Damit ist er der größte Detektor der Elementarteilchenphysik. Er besteht aus einem inneren Detektor, einem Kalorimeter, einem Myonensystem sowie einem Trigger- und Datenannahmesystem.

Der innere Detektor vermisst die Bahnkurven elektrisch geladener Teilchen. Er ist umgeben von einem zwei Tesla starken Magnetfeld, welches von einer supraleitenden Zylinderspule erzeugt wird. Wohin und wie stark die Teilchen abgelenkt werden, gibt Aufschluss über ihre Ladung und ihren Impuls. Im Zentrum, nahe am Kollisionspunkt, befindet sich ein Pixeldetektor bestehend aus 80 Millionen Siliziumhalbleitern. Darüber liegen mehrere Lagen aus Silizium-Streifenzählern mit einer gröberen Auflösung. Die elektrisch geladenen Teilchen lösen im Silizium freie Ladungsträger, welche daraufhin zu Elektroden wandern und ein elektrisches Signal erzeugen. Die äußerste Schicht besteht aus einem Übergangsstrahlungs-Spurdetektor mit Xenon-Gas Röhren, die in spezielles Polyethylen eingebettet sind. Die geladenen Teilchen ionisieren das Gas beim Durchfliegen und induzieren damit elektrische Signale. Zusätzlich erzeugen Elektronen beim Durchfliegen des Polyethylenschaums elekromagnetische Strahlung. Die dadurch entstehenden Röntgenquanten werden im Xenon-Gas absorbiert.

Über dem inneren Detektor liegen Kalorimeter, welche die Energie der in der Kollision entstehenden Teilchen durch eine alternierende Anordnung von Absorber- und Nachweislagen messen. Die Teilchen werden von einer massiven Absorberlage gestoppt, die Nachweislagen dahinter geben durch Messen der Eindringtiefe Aufschluss darüber, wie viel Energie die Teilchen besaßen. Im elektromagnetischen Kalorimeter wird die Energie von Elektronen und Photonen mittels flüssigem Argons zwischen 1,9 Millimeter dicken, edelstahlbeschichteten Blei-Absorberlagen gemessen. In den hadronischen Kalorimetern befinden sich Eisen-Absorber kombiniert mit Plastik-Szintillatoren als Nachweismedium. Im Bereich der Endkappen werden Flüssigargon-Kalorimeter mit Kupfer-Absorberplatten eingesetzt.

Die äußerste Schicht bildet ein Myonspektrometer. Myonen sind Elektronen sehr ähnlich, haben aber das 200-fache an Masse. Weil sie zu schwer sind, verlieren sie nur wenig Energie im elektromagnetischen Kalorimeter und da sie nicht aus Quarks aufgebaut sind, fliegen sie durch das hadronische Kalorimeter. Um sie zu messen, wurde ein Toroid-Magnetsystem, bestehend aus acht konzentrisch angeordneten, supraleitenden Spulen verbaut. Zwischen den Spulen und als äußerste Lage befinden sich die gasgefüllten Driftröhren mit einem Anoden-

Draht entlang der Zylinderachse. Die Myonen werden, ähnlich wie im inneren Detektor, durch Gas-Ionisation gemessen.[29]

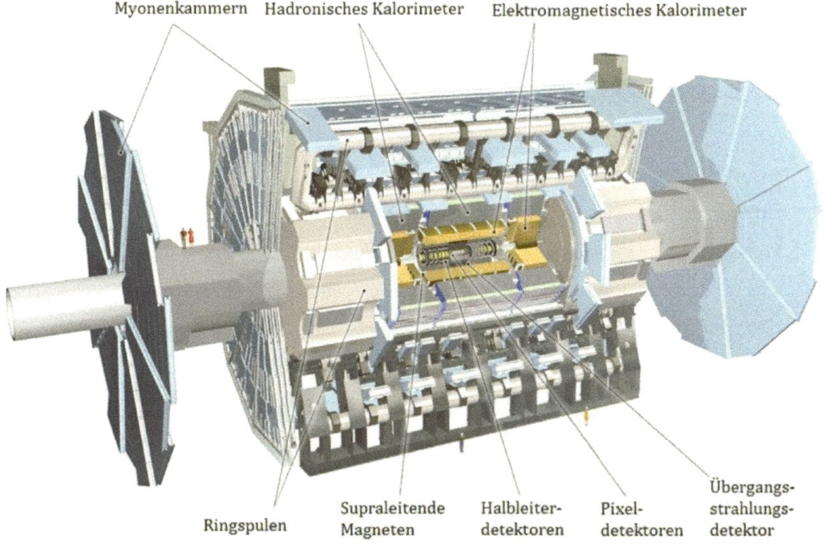

Der CMS Detektor ist 21 Meter lang und hat einen Durchmesser von 16 Metern. Sein Aufbau entspricht weitestgehend dem des ATLAS Detektors, der Schwerpunkt wurde aber besonders auf das Myonensystem gelegt, weshalb dieses einen größeren Teil des Detektors ausmacht.[30]

---

[29] Jakob (2008).
[30] Hebbeker (2008).

2.3.5.   Auswertung der Ergebnisse

Die 600 Millionen Proton-Proton Kollisionen pro Sekunde in den beiden Detektoren erzeugen eine Datenflut von 288 Petabyte pro Stunde. Von diesen sind allerdings nur 0,0008% relevant. Deshalb werden mehrstufige Trigger- und Datenannahmesysteme eingesetzt, um eine Vorauswahl an relevanten Messungen zu treffen und nur die Zerfälle zu beobachten, nach denen gesucht wird. Zunächst wird innerhalb von zwei Mikrosekunden nach elektromagnetischen Energieverlusten, hochenergetischer Strahlung, oder dem Fehlen von Energie im Kalorimeter und dem Myonenspektrometer gesucht. Von den 600 Millionen Ereignissen bleiben so noch 75000. Diese werden nun von programmierbaren Prozessoren mit höherer Auflösung und mit Hilfe der Daten des inneren Detektors weiter analysiert und auf 1000 reduziert. Ein Ereignisfilter bestehend aus einer Farm an Prozessoren führt nun eine vollständige Analyse durch und speichert nur die Ereignisse, die vordefinierte Bedingungen erfüllen. Die ausgesonderten Daten werden mit Forscherteams weltweit geteilt, um sicher zu gehen, dass keine wichtigen Ereignisse übersehen wurden. Für diesen Zweck entstand das Worldwide LHC Computing Grid (WLCG), das über 10000 Computer umfasst, mit denen Forscher aus aller Welt die Daten analysieren können. Es ist das leistungsstärkste Computersystem der Welt[31]

Mit Hilfe des Standardmodells kann die Wahrscheinlichkeit von Zerfallskanälen vorhergesagt werden. Diese sind allerdings stark von der exakten Masse abhängig. Die Masse des Higgs-Bosons war aber unbekannt und sie unterliegt noch dazu gewissen Schwankungen.
Die Suche nach dem Higgs-Boson in den Zerfallsprodukten aus dem LHC kann man sich also vorstellen wie den Versuch eine wichtige Radiomeldung zu hören, ohne die passende Frequenz zu kennen.
Da schwerere Teilchen stärker mit dem Higgs-Boson wechselwirken, zerfällt das Higgs-Boson am liebsten in schwere Teilchen. Daraus kann man eine Vorstellung über die Zerfallsprodukte erhalten. Das schwerste Teilchenpaar, in das ein Higgs-Boson zerfallen kann, ist ein b-Quark-Paar. Allerdings können b-Quark-Paare auch ohne Higgs-Boson entstehen und da Quarks sich immer mit anderen Quarks umgeben, lassen sie sich nicht genau vermessen. Eine andere Möglichkeit sind zwei Z-Bosonen, diese können zwar auch durch andere Zerfälle entstehen, lassen sich aber besser nachweisen. Es gibt also zwei Kategorien an Z-Bosonen: Signal und Hintergrund. Signal steht für die Ereignisse, die von einem Higgs-

---

[31] Lesch (2013) S.76-78.

Boson kommen und Hintergrund für alle anderen Ereignisquellen. Wie Higgs-Bosonen sind auch Z-Bosonen instabil und zerfallen nach kurzer Zeit in Quarks, vier Myonen, vier Elektronen oder zwei Myonen und zwei Elektronen. Auch wenn der Quarks-Zerfall sehr wahrscheinlich ist, lässt er sich wieder schlecht messen, fällt also weg. Um nur die Ereignisse herauszufiltern, die von zwei Z-Bosonen kommen, benötigt man ein Auswahlkriterium: Die Energie eines Elektronen- oder Myonenpaars muss genau der Masse eines Z-Bosons entsprechen. Ist das nicht der Fall kommen sie von einer anderen Quelle. Nachdem man herausgefunden hat, welche Myonen- und Elektronenpaare von einem Z-Boson kommen, muss man nur noch herausfinden, welche Z-Boson-Paare einem Higgs-Boson entstammen. Alle Ereignisse, die von einem Higgs-Boson kommen, müssen die gleiche Masse haben, entgegen den Hintergrundereignissen, welche eine willkürliche Masse haben. Das Higgs-Boson kann auch noch in andere, leichtere Teilchen, wie z.B. Photonen, zerfallen, der Prozess zum Ausfiltern der relevanten Ereignisse funktioniert aber ähnlich.

Da alle anderen Teilchen des Standardmodells bereits erforscht sind, kann der Hintergrund an Ereignissen durch Simulationen sehr genau berechnet werden. Nachdem alle Daten gesammelt wurden, vergleicht man die Verteilung der Ausschläge mit dem von Simulationen vorausgesagten Hintergrund, und sieht, ob es einen signifikanten Überschuss gibt, der nicht vom Hintergrund kommt. Die Masse der überschüssigen Zerfallsprodukte entspricht dann der Higgs-Masse.[32]

2.4.   Das Higgs-Boson gefunden - und alle Fragen offen?

Mit dem Higgs-Boson wurde das letzte Elementarteilchen des Standardmodells nachgewiesen. Ist die Teilchenphysik damit "an ein empirisches Ende gekommen?"[33] - Nein! Auch wenn das Standardmodell das bisher präziseste und beste Modell ist, um unsere Welt im Kleinsten zu beschreiben, so zeigt es doch nur einen Ausschnitt und hinterlässt viele unbeantwortete Fragen. Warum gibt es eine Trennung in Fermionen und Bosonen? Warum sind Teilchen unterschiedlich schwer? Aus was besteht dunkle Materie? Warum gibt es viel mehr Materie als Antimaterie? Wie kann man das Standardmodell mit der allgemeinen

---

[32] Gagnon (2016) S.67-85.
[33] Lesch (2013) S.95.

Relativitätstheorie vereinen?... Das Standardmodell könnte also nur die Spitze des Eisberges seien und Teil einer umfassenderen Theorie.[34] Bleiben wir also neugierig!

2.5. Epilog - Der Nutzen von Grundlagenforschung

Die Kosten für den Nachweis des Higgs-Bosons beliefen sich auf insgesamt fast 12 Milliarden Euro.[35] Ist das gerechtfertigt?

Der praktischen Nutzen von Entdeckungen ist oft erst deutlich später erkennbar, im Rahmen des Forschungsprozesses selbst werden aber viele neue Technologien entwickelt und vorangetrieben. So sind inzwischen Teilchenbeschleuniger ein nicht wegzudenkender Teil der Krebstherapie und das 1989 von Forschern des CERN für einen effektiven Informationsaustausch entwickelte World Wide Web ist heute fundamentaler Bestandteil unseres Alltags. Weiterhin fördert ein weltweites Großprojekt wie das CERN die internationale Zusammenarbeit und damit - hoffentlich - sogar den Weltfrieden. Dies alles ist allerdings nicht Ziel von Grundlagenforschung, sondern ein Nebeneffekt. Sinn von Grundlagenforschung ist es, die Welt, in der wir leben besser zu verstehen, und das tiefe Menschliche Bedürfnis nach Wissen zu befriedigen.[36] Um mit den Worten des Nobelpreisträgers Richard Feynman zu schließen: "Physics is like sex: sure, it may give some practical results, but that's not why we do it."[37]

---

[34] Gagnon (2016) S.133-139.

[35] Knapp (2012)

[36] Gagnon (2016) S.155-174.

[37] Castillo/ Roberto (2015) S.11.

3. Bibliographie

3.1. Primärliteratur

Goethe, Johann Wolfgang (1808): *Faust der Tragödie Erster Teil*, hg. von Hellberg, Wolf Dieter. Tübingen: Reclam

3.2. Sekundärliteratur

3.2.1. Monographie

Baggott, Jim ([1]2017) *Mass: The Quest to Understand Matter from Greek Atoms to Quantum Fields.* New York: Oxford University Press.

Flores Castillo, Roberto Luis (2015): *The Search and Discovery of the Higgs Boson A brief introduction to particle physics*, hg von Morgan/ Claypool. Bristol: IOP Publishing.

Gagnon, Pauline ([1]2016): *WHO CARES ABOUT PATRICLE PHYSICS? Making Sense of the Higgs-Boson, the Large Hadron Collider and CERN.* New York: Oxford University Press.

Knochel, Alexander ([1]2015): *Neustart des LHC: das Higgs-Teilchen und das Standardmodell, Die Teilchenphysik hinter der Weltmaschine anschaulich erklärt.* Aachen: Springer Spektrum.

Lemmer, Boris ([2]2013): *Bis(s) ins Innere des Protons: Ein Science Slam durch die Welt der Elementarteilchen, der Beschleuniger und Supernerds.* Berlin: Springer Spektrum.

Lesch Harald (Hrsg.) u.a. ([1]2013): *Die Entdeckung des Higgs-Teilchens Oder wie das Universum seine Masse bekam.* München: C. Bertelsmann.

3.2.2. Artikel in Zeitschrift

Ellis, John/ Gaillard, Marry/ Nanopoulos, Dimitri (2015): "An Updated Historical Profile of the Higgs Boson." *High Energy Physics - Phenomenology The Standard Theory of Particle Physics* 26.

Kane, Gordon (2006): "Das Geheimnis der Masse." *Spektrum der Wissenschaft* 2/2006: 36-43

3.2.3.   Internetquellen

Albert, Attila (2012): "Gottesteilchen entdeckt! Haben Forscher die Entstehung des Universums entschlüsselt?" *Bild* <https://www.bild.de/news/ausland/cern/gottesteilchen-entdeckt-25001752.bild.html> [Zugriff am 27.10.2018]

Hebbeker, Thomas (2008) "Der CMS-Detektor." *Welt der Physik* *<https://www.weltderphysik.de/gebiet/teilchen/experimente/teilchenbeschleuniger/lhc/lhc-experimente/cms/cms-detektor/>* [Zugriff am 05.11.2018]

Jakob, Karl (2008) "ATLAS - der Detektor." *Welt der Physik* *<https://www.weltderphysik.de/gebiet/teilchen/experimente/teilchenbeschleuniger/lhc/lhc-experimente/atlas/atlas-detektor/>* [Zugriff am 04.11.2018]

Kaiser, Rainer (2003): "Die Entdeckung der Atome." *Welt der Physik* <https://www.weltderphysik.de/gebiet/teilchen/atome-und-molekuele/geschichte/atomentdeckung/> [Zugriff am 04.11.2018]

Knapp, Alex (2012): "How Much Does It Cost To Find A Higgs Boson?" *Forbes* <https://www.forbes.com/sites/alexknapp/2012/07/05/how-much-does-it-cost-to-find-a-higgs-boson/#e7dadf439480> [Zugriff am 05.11.2018]

Kuhar, Manuela u.a. (2013): "DAS STANDARDMODELL DER TEILCHENPHYSIK HINTERGRUNDINFORMATIONEN." *Netzwerk Teilchenwelt* <http://www.teilchenwelt.de/fileadmin/user_upload/Redaktion/Netzwerk_Teilchenwelt/Material_Lehrkraefte/Standardmodell_Infos_01.pdf> [Zugriff am 05.11.2018]

4. Abbildungsverzeichnis

Abbildung 1:

Kuhar, Manuela u.a. (2013): "DAS STANDARDMODELL DER TEILCHENPHYSIK HINTERGRUNDINFORMATIONEN." *Netzwerk Teilchenwelt* <http://www.teilchenwelt.de/fileadmin/user_upload/Redaktion/Netzwerk_Teilchenwelt/Material_Lehrkraefte/Standardmodell_Infos_01.pdf> [Zugriff am 05.11.2018]

Abbildung 2:

Gorfer, Alexander: "PHASENDIAGRAMME UND TEILCHENPHYSIK" *QUANT - GRUNDLAGENFORSCHUNG AM INSTITUT FÜR PHYSIK DER UNIVERSITÄT GRAZ. <https://quant.uni-graz.at/quant-module/phasendiagramme-und-teilchenphysik/62-artikel-2-quarks>* [Zugriff am 05.11.2018]

Abbildung 3:

Senatore, Leonardo: "Lectures on Inflation" *Inspire.* <http://inspirehep.net/record/1485069/plots> [Zugriff am 05.11.2018]

Abbildung 4:

"Teil 8: Teilchenbeschleuniger" *Slideplayer. <https://slideplayer.org/slide/918951/>* [Zugriff am 05.11.2018]

Abbildung 5:

(2011): "File:Cern-accelerator-complex.svg" *Wikimedia Commons. <https://commons.wikimedia.org/wiki/File:Cern-accelerator-complex.svg>* [Zugriff am 05.11.2018]

Abbildung 6:

"Aufbau und Funktionsweise des ATLAS-Detektors" *International Physics Masterclasses.* <http://atlas.physicsmasterclasses.org/de/index.htm> [Zugriff am 05.11.2018]